Chips
&
Dip

Chips
&
Dip

Chips & Dip

自己做天然果乾

用烤箱、氣炸鍋輕鬆做 59 種健康蔬果乾

龍東姬——著　李靜宜——譯

contents

Chapter 2 蔬菜類
Vegetable Recipe

contents

Chapter 3 特殊食材類
Special Recipe

Chapter 4 基本醬料與沾醬
Sauce & Dip Base

關於脆片……
Chips.Chips.Chips

提到「脆片（Chips）」，或許很多人會先聯想到洋芋片，其實洋芋片的由來是一段很有趣的故事。

洋芋片在19世紀中葉誕生於美國紐約廚師喬治‧克隆姆手裡。據說某次一位顧客連番嫌棄他做的炸薯條太厚，而使喬治決定給這位顧客點顏色瞧瞧，他故意把馬鈴薯切得極薄，薄到連叉子都插不起來，然後丟進油鍋裡炸，出菜後他靜待顧客反應準備看場好戲。沒想到這位嬌客不但毫無抱怨，反而讚聲連連，一片接著一片吃不停，從那次之後喬治便開始如法炮製這種炸馬鈴薯，這便是洋芋片的由來。

而現在，包含洋芋片在內，所有將食材切薄做成酥脆口感的，皆通稱為「脆片（Chips）」，除了食材本身，搭配的沾醬與調味料也越來越豐富，千變萬化的口味正是脆片的魅力所在！現在就跟著我，運用不同的材料、調味以及料理方式，走進各種脆片的世界。

材料的處理
Cooking Tools

適合做成脆片的材料，必須水分含量少，切成薄片時能維持住形狀，可以連皮一起吃的材料也很適合。如果要使用連皮水果當材料時，首要必須徹底清除果皮上的農藥和雜質，這時可用粗鹽搓洗過，再放進小蘇打粉水裡浸泡。

一般的作法是先將材料切成薄片後，再進行烘乾，或油炸或煎烤；除了用刀切，若能使用其他料理工具，也可以在形狀、口感上做出多種變化。

❶旋轉切片器（旋轉刨絲器）

把材料放進刀片和手把中間後，搖動手把，就能連續刨出薄片。此工具適用比較堅硬的材料，刨完後切成想要的長度，若改成其他刀片就有刨絲功能。

❷薯格格切片器

刀片為波浪設計，只要將材料轉向90度，即可刨出薄片，不過不適用於像洋蔥這種有層層紋路的材料。

❸切片器

若對刀工沒有自信，覺得切不出好看的薄片，不妨使用這款切片器，只要改變握住材料的角度，就能調整切面大小。

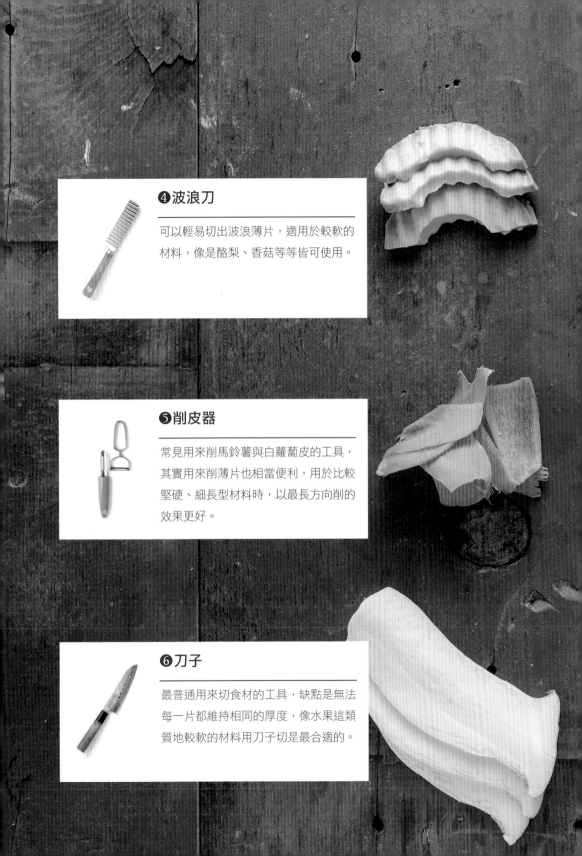

❹波浪刀

可以輕易切出波浪薄片，適用於較軟的材料，像是酪梨、香菇等等皆可使用。

❺削皮器

常見用來削馬鈴薯與白蘿蔔皮的工具，其實用來削薄片也相當便利，用於比較堅硬、細長型材料時，以最長方向削的效果更好。

❻刀子

最普通用來切食材的工具，缺點是無法每一片都維持相同的厚度，像水果這類質地較軟的材料用刀子切是最合適的。

果乾的調味
Upgrade Seasoning

做脆片時可不加任何調味，不過若能搭配各種口味的調味粉，就能在口味上做出更多的變化。食材本身氣味和味道的強度都不盡相同，因此，搭配的調味種類與使用量的多寡都必須經過慎選，每一種材料所能夠搭配的調味並不是固定的，可以依照個人的喜好選擇。

❶生薑

與其把生薑做成脆片，不如用在調味，味道也不會過於強烈，而且還能散發出隱約的薑味。

❷咖哩

只要一點點味道就會很強烈，薑黃粉、一般咖哩粉都能使用。

❸大蒜

磨成粉的大蒜氣味會比較柔和。作法是利用食物乾燥機將大蒜烘乾，然後再以調理機打成粉末狀。

❹肉桂

與水果搭配非常對味，只需使用少量稍微提味即可。

❺羅勒

雖然使用新鮮羅勒是最好的，但是因為保存不易，最便利的方法就是使用乾燥的羅勒粉。

❻紫蘇粉

紫蘇的氣味能讓脆片的味道更有深度。紫蘇粉置於常溫恐會酸敗，需做冷藏或冷凍保存。

❼荷蘭芹

又稱巴西里，是最常見的香料，因此也是大眾最能接受的味道。 除了用於提升味道，在配色上也能起畫龍點睛的效果。

❽孜然

具有相當獨特的香味，不過因為氣味比較強烈，微量使用即可。

❾堅果類

主要是搗碎使用，可增加脆片氣味，如果顆粒太粗，不容易沾附在脆片上，所以需盡可能搗到細碎。

❿帕馬森起司

將帕馬森起司磨成粉備用，用於食物可添加起司香氣，讓味道更有深度。

⓫可可粉

吃起來甜中帶苦，與水果脆片最為對味。

⓬紅椒粉

主要用於增加香辣口味，如手邊沒有紅椒粉，也可以將辣椒粉磨成細粉末使用。

製作果乾的方法
Chips Cooking

DRY──善用食物乾燥機

將材料切成薄片之後，以自然風乾的方式也一樣可以做成乾燥脆片，只是會需要較久的時間，而且在過程中有可能會受到污染，這時不妨考慮使用食物乾燥機。雖然比較麻煩，只要每2～3小時將上下層位置互換，就能乾燥得很均勻。

利用溫度和時間就可以做出酥脆或較有嚼勁的口感，再者也不必使用任何的添加物與防腐劑，可以大大減少對於食安問題的擔心。材料被烘乾之後，因為完全不含水分，味道會更加濃郁，因此做乾燥脆片時，香甜的水果會比味道平淡的蔬菜更合適。

果乾小知識 **各材料的乾燥時間** （以70℃為基準）		
	花椰菜、紅蘿蔔、芹菜、茄子等	6～8小時
	蘋果、梨子、香蕉、奇異果等	7～9小時
	鳳梨、草莓等	8～10小時
	洋蔥、番茄、蕈菇、馬鈴薯等	10～12小時

1. 把材料切成薄片，厚度越厚所需的乾燥時間就越長，吃起來也比較有嚼勁。

2. 將切好的材料平鋪在托盤上，盡可能不要重疊。如果想增添風味，可稍微撒一些調味粉。

3. 每2～3小時變換上下托盤的位置，讓所有材料乾燥得更均勻。以切成0.3公分厚度的蘋果、梨子、奇異果等水果來說，當溫度為70℃時，乾燥時間約7～9小時。

1   2   3

1　　　　　　　　2　　　　　　　　3

ROAST——善用烤箱

利用火烤的方式做脆片，一般是使用烤箱，作法是將材料水分充
分瀝乾，切成薄片之後，以食用油輕輕拌過，然後平鋪在烤盤
上。由於進烤箱之前必須先瀝乾水分，所需時間相對也比較長。

4　　　　　　　　　　5　　　　　　　　　　6

1. 烤盤鋪上耐高溫矽膠不沾布（Silicone Paper），或以烘焙
   紙取代，備好食用油。油用拌的、拿刷子刷、用噴霧的方式
   皆可，不妨同時準備刷子和噴霧罐，需要時便可派上用場。

2. 擦乾材料上的水分。

3. 將材料切成適當大小。

4. 切好的材料放進容器裡，加少許油輕輕拌勻。

5. 撒上個人喜愛的調味料後，輕輕拌勻。

6. 將材料平鋪在耐高溫矽膠不沾布上，注意不讓材料重疊，盡
   可能間隔一些距離。最後以適當的溫度和時間進行烘烤。

1 2 3

FRY──善用油炸與氣炸

利用油鍋做脆片

將材料放進油鍋裡油炸,吃起來口感酥脆而且香味四溢,優點是好吃而且所費時間短。不過缺點是因為太油膩,無法吃太多,而且保存期限也比較短。

1. 將材料切成薄片。

2. 像馬鈴薯或地瓜這類澱粉含量較多的材料，切好後可浸泡在水裡去除澱粉，才能做出酥脆的口感。

3. 擦乾材料的水分。

4. 把材料放進容器裡，撒上調味料輕輕拌勻。

5. 以180℃以上的溫度炸至酥脆狀態。

6. 若需要調味，在瀝油後需趁熱調味。

1　　　　2

利用氣炸鍋做脆片

以油炸方式做脆片，若覺得瀝油程序太麻煩，擔心會攝取過多的油脂，不妨改用氣炸鍋。氣炸鍋的原理為透過高溫熱風的方式進行油炸，只要將切好的材料放進去即大功告成，此方式適用於水分較少的材料。跟油炸方式比起來，熱量、脂肪都比較少，做出來的脆片也比較健康。

1. 準備材料。如果材料有籽，需將籽去除乾淨。

2. 若材料比較小而且較薄，可疊2～3片後捲起來切。

3. 將材料切成薄片。

4. 切好的材料平鋪在氣炸鍋內的鐵網上，注意不要重疊到，最後以適當的溫度和時間進行氣炸。

果乾的保存、包裝、料理應用
How To Use Chips

保存方式──讓味道與口感始終如一

雖然脆片已經是乾燥的狀態，但畢竟不是放在完全乾燥的環境底下，經過一段時間之後，味道和口感往往開始變質，因此保存的方式益加重要。一般來說可以放一些餅乾、海苔包裝內的乾燥劑，如果要裝在袋子裡，千萬不要用橡皮筋封口，必須使用密封夾徹底將空氣隔絕在外。如果要送人或需要保存較久的時間，最好的方式就是使用封口機，封的時候不要把空氣完全抽掉，以免脆片破裂或變形。

1　　　　　　2　　　　　　3

包裝方法──巧手打造適合送禮的包裝

脆片因為需經過乾燥、烘烤的過程,所以一般都會做比較多的
量,再者因為製作過程需注入心力,成品看起來也很討喜,所以
非常適合送禮,建議可以裝在透明包裝袋裡,內容物便能夠一目
了然。

1. 裝在其中一面為透明的盒子裡。

2. 裝在透明袋子裡，接著綁上美美的蝴蝶結。

3. 裝在紙袋裡，再綁上美美的蝴蝶結。

4. 分裝在小透明袋裡。

5. 活用透明容器。

1   2   3

料理應用——利用脆片幫料理添色加分

脆片本身就是非常棒的零食與下酒菜，若能應用在各種料理上，
一定有錦上添花的效果。水果脆片可用於甜點，蔬菜脆片或肉乾
則適合用於三明治、沙拉等料理。

4　　　　　　5

1. 麥片：把酸酸甜甜的水果脆片加在麥片裡，為比較清淡的麥片升級味道。

2. 冰淇淋：把酸酸甜甜的水果脆片插在冰淇淋上，除了增加口感，也有不錯的裝飾效果。

3. 沙拉：酥脆的馬鈴薯、蓮藕、地瓜片跟沙拉最對味，卡滋卡滋的口感讓味道明顯升級。

4. 濃湯：口感滑順的濃湯，最適合搭配像香菇這類比較有嚼勁的脆片，可以增加風味。

5. 三明治：好吃的脆片可以讓三明治的味道發揮到淋漓盡致，能增加濕軟三明治的口感。

Chapter 1 水果類
Fruit Recipe

蘋果
Apple

Roast & Dry

»材料　蘋果2個，水1杯，糖½杯，肉桂粉少許

»作法
1. 蘋果不削皮洗淨，利用去核器將籽去掉後，切成0.3公分薄片。或者也可以反過來，切成薄片後再去籽。
2. 鍋內加水和糖，糖完全溶解後，把蘋果放進去浸泡1小時。
3. 烤盤上鋪好耐高溫矽膠不沾布（或烘焙紙），將蘋果片放上去，撒上少許肉桂粉，放進以100℃預熱的烤箱裡烤1小時。
4. 將蘋果片翻面，再烤1小時後取出，置於常溫30分鐘進行自然風乾。

Tip

對於剛喜歡上「吃甜頭」的幼兒來說，是非常合適的零食。甜味來自水果本身，有助於讓幼兒培養良好飲食習慣。

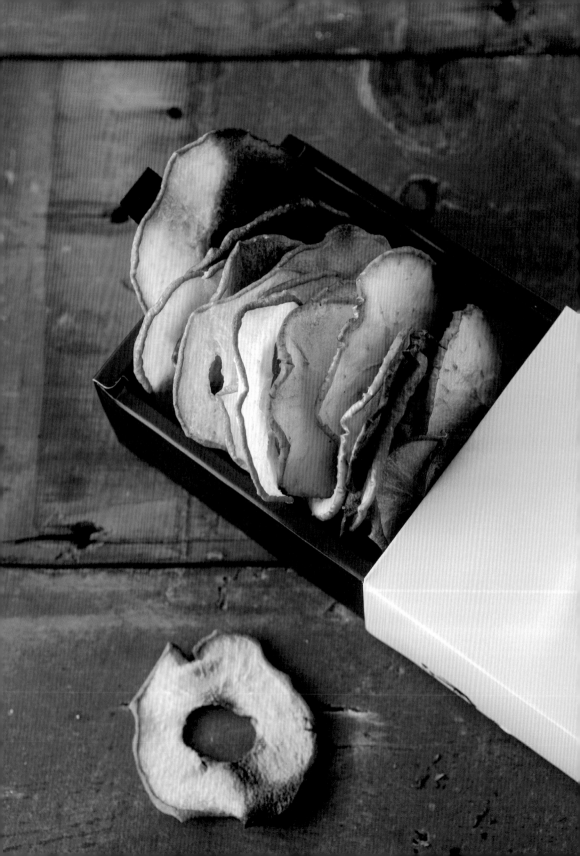

梨子
Pear

Roast & Dry

»材料　　梨子2個，檸檬汁少許

»作法
1. 梨子不削皮洗淨後去籽，切成0.3公分厚度；或者也可以反過來，切成薄片後再去籽。
2. 將梨子平鋪在鐵網上，灑上少許檸檬汁。
3. 放進預熱至180℃的烤箱裡烤30分鐘，之後將溫度調降到100℃，繼續烤30分鐘。
4. 將梨子取出，並置於常溫30分鐘以上進行自然風乾。

奇異果
Kiwifruit

<u>Dry</u>

»材料　　奇異果5個

»作法　　1.　奇異果去皮後，切成0.3公分厚的薄片。
　　　　　　2.　將奇異果平鋪在食物乾燥機托盤上，以70℃乾
　　　　　　　　燥7小時。

Tip

酸溜溜的奇異果脆片，在咬下的瞬間可能會酸到眼睛張不開，適合轉換
心情時食用。

草莓
Strawberry

Dry

»材料　草莓20個，糖粉少許

»作法
1. 草莓浸泡在小蘇打粉水裡10分鐘。
2. 草莓去蒂頭，直切成0.3公分厚度。
3. 將草莓片平鋪在食物乾燥機托盤上，以70℃乾燥8小時。
4. 均勻撒上糖粉。

Tip

將草莓脆片撒在冰淇淋或剉冰上，就是一道與眾不同的甜點。

柳丁與葡萄柚
Orange & Grapefruit

Roast & Dry

»材料　柳丁1個，葡萄柚1個，糖粉½杯

»作法
1. 將柳丁和葡萄柚的外皮刷乾淨後，切成0.3公分薄片。
2. 把切好的材料鋪在鐵網上，利用篩網均勻撒上糖粉。
3. 放進預熱180℃的烤箱烤30分鐘，之後將溫度調降到150℃，繼續烤40分鐘。
4. 置於常溫30分鐘以上進行自然風乾。

Tip

因為是連皮一起吃，所以一定要刷洗乾淨。可先用粗鹽搓洗外皮後，放進小蘇打粉水裡浸泡10分鐘以上再仔細刷洗。

香蕉
Banana

Dry & Fry

»材料　香蕉3條，食用油適量，肉桂粉1小匙

»作法
1. 香蕉切成0.5公分薄片。
2. 把香蕉薄片鋪在食物乾燥機托盤上，以70℃乾燥2小時。
3. 熱油鍋，把香蕉片炸到金黃酥脆，接著放在吸油紙上瀝油。
4. 均勻撒上肉桂粉。

Tip

乾燥過後的香蕉片也很好吃，但是若經過油炸程序，可將香蕉內的水分轉化成有嚼勁的口感，讓味道更升級。

芒果
Mango

Roast & Dry

»材料　　芒果3個，檸檬汁少許

»作法　　1.　芒果去皮，直切成0.3公分的薄片。
　　　　　　2.　烤盤上鋪好耐高溫矽膠不沾布，將芒果片放上
　　　　　　　　去，灑上檸檬汁。
　　　　　　3.　放進預熱180℃的烤箱烤30分鐘，完成後取出
　　　　　　　　翻面，將溫度調降到100℃，繼續烤30分鐘。
　　　　　　4.　置於常溫30分鐘以上進行自然風乾。

Tip

芒果是有果核的，可先順著果核方向切片，再放到砧板上切。

鳳梨
Pineapple

Dry

»材料 鳳梨1個

»作法
1. 鳳梨削皮後,利用去核器挖掉鳳梨心。
2. 切成0.3公分薄片。
3. 將鳳梨片平鋪在食物乾燥機托盤上,以70℃乾燥8小時。

無花果
Fig

Roast & Dry

»材料　無花果5個

»作法
1. 將無花果皮洗淨去蒂頭後，直切成0.3公分厚度薄片。
2. 把無花果片平鋪在烤盤上，放進預熱180℃的烤箱裡烤30分鐘，之後將溫度調降為150℃，繼續烤30分鐘。
3. 置於常溫30分鐘以上進行自然風乾。

Tip

若不喜歡無花果的苦味，可先撒上少許糖粉後再烤。如能搭配酸味醬汁一起吃，苦味就會變美味。

火龍果
Dragon Fruit

Dry

»材料　火龍果2個，檸檬汁少許

»作法
1. 火龍果不去皮，先洗淨之後切成0.3公分厚度的薄片。
2. 將火龍果片平鋪在食物乾燥機托盤上，灑上少許檸檬汁，以70℃乾燥6小時。

Tip

火龍果味道比較平淡，搭配酸甜醬汁更好吃。

酪梨
Avocado

Fry

»材料　酪梨1個，蛋液（雞蛋1顆），麵粉¼杯，麵包粉2杯，食用油少許，荷蘭芹粉、胡椒粉少許

»作法
1. 酪梨切半、去果核，連皮切成0.3公分厚度薄片後，再將果皮撕下。
2. 把麵包粉、荷蘭芹粉、胡椒粉均勻混合。
3. 酪梨片依序裹上麵粉、蛋液、作法2的混合粉後，稍微噴上食用油。
4. 將酪梨片放進氣炸鍋裡，以200℃炸10分鐘。

栗子與紅棗
Chestnut & Jujube

Fry

»材料　　剝好的栗子10個，紅棗30個，食用油少許

»作法　　1.　栗子剝好後，盡量切成薄片。

2.　栗子片噴上少許食用油，放進氣炸鍋裡以200℃
炸5分鐘。

3.　紅棗去籽後攤平，兩兩重疊捲起來，並切成0.3
公分厚度的薄片。

4.　紅棗片噴上少許食用油後，放進氣炸鍋裡以
180℃炸10分鐘。

Tip

味道清淡的栗子搭配甘甜紅棗片，味道正好得到平衡。

Chapter 2 蔬菜類
Vegetable Recipe

大蒜與生薑
Garlic & Ginger

Fry

»材料	大蒜10瓣，生薑10片，食用油適量，細辣椒粉、鹽巴少許
»作法	1. 大蒜切成0.2公分厚度薄片，放進水裡浸泡10分鐘後，撈起以紙巾擦乾水分。
	2. 生薑也切成同大蒜厚度的薄片，放進水裡浸泡10分鐘後，撈起以紙巾擦乾水分。
	3. 以上材料放進熱油鍋裡炸，完成後撈起放在紙巾上瀝油。
	4. 趁還有餘熱時，大蒜撒上少許細辣椒粉和鹽巴，生薑撒上少許鹽巴。

Tip

大蒜和生薑是常見的提味食材，炸成薄片後，可用在沙拉、三明治、熱炒料理上。

紅蘿蔔與糯米椒
Carrot & Shishito Pepper

<u>Fry</u>

»材料 紅蘿蔔1條，糯米椒2把，米磨粉5大匙，鹽巴少許，食用油適量

»作法
1. 用菜瓜布將紅蘿蔔表皮刷洗乾淨，利用削皮器直削成薄片。
2. 糯米椒去蒂，利用牙籤在表面上戳3～4個洞。
3. 紅蘿蔔、糯米椒撒上鹽巴和米磨粉。
4. 利用噴霧器噴上少許油，放進氣炸鍋裡以200℃炸10分鐘。

Tip

帶甜味的紅蘿蔔片跟糯米椒一起吃非常對味，撒上少許鹽巴是最美味的吃法。

洋蔥
Onion

Fry

»材料　洋蔥2個，麵包粉½杯，荷蘭芹粉少許，食用油少許

»作法
1. 洋蔥直切成8等分，接著一一掰開分瓣。
2. 先以少許食用油稍微拌過，再加入麵包粉和荷蘭芹粉拌勻。
3. 放進氣炸鍋裡，以180℃炸15分鐘。

櫻桃蘿蔔
Radish

Roast

»材料　櫻桃蘿蔔15個，咖哩粉2小匙，香蒜粉2小匙，紅椒粉（或用細辣椒粉）2小匙，食用油、鹽巴、胡椒粉少許

»作法
1. 櫻桃蘿蔔洗淨，切成0.3公分厚度薄片。
2. 取5個分量的櫻桃蘿蔔片，以1大匙食用油、2小匙咖哩粉輕輕攪拌。剩下材料以相同方式分別加入香蒜粉和紅椒粉攪拌。
3. 烤盤鋪上耐高溫矽膠不沾布，將櫻桃蘿蔔片平鋪在上面。
4. 放進預熱至180℃的烤箱裡烤15分鐘後，將溫度調降到100℃，繼續烤20分鐘，完成後撒上少許鹽巴和胡椒粉。

櫛瓜
Summer Squash

Dry & Fry

»材料　櫛瓜3條，帕馬森起司粉1大匙，紫蘇粉2大匙，孜然2小匙，食用油適量

»作法
1. 櫛瓜切成0.3公分厚度的薄片，放在紙巾上吸乾水分。
2. 將櫛瓜片平鋪在食物乾燥機托盤上，其中1條分量的櫛瓜片均勻撒上少許帕馬森起司粉、紫蘇粉、孜然。
3. 以70℃乾燥4小時，完成後再稍微油炸過。

Tip

櫛瓜味道比較清淡，可搭配各種沾醬。乾燥櫛瓜片若能再稍微油炸過會更美味。

茄子
Eggplant

Fry

»材料　茄子3個，蛋液（雞蛋1顆），麵粉5大匙，麵包粉（濕粉）2杯，帕馬森起司粉3大匙，荷蘭芹粉1大匙，食用油少許，胡椒粉少許

»作法
1. 先將茄子對切成2等分，再直切成0.3公分厚度薄片。
2. 麵包粉、帕馬森起司粉、荷蘭芹粉、胡椒粉混合均勻。
3. 茄子依序裹上麵粉、蛋液、作法2的混合粉。
4. 噴上少許油，放進氣炸鍋以180℃氣炸10分鐘，再以200℃氣炸5分鐘。

甜椒
Bell Pepper

Roast

»材料　迷你甜椒（菜椒）10個，橄欖油3大匙，帕馬森起司粉3大匙，荷蘭芹粉、鹽巴少許

»作法
1. 迷你甜椒切成0.3公分薄片，完成後以紙巾擦乾水分。
2. 刷上橄欖油，並撒上帕馬森起司粉、荷蘭芹粉，輕輕拌勻。
3. 烤盤鋪上耐高溫矽膠不沾布，將甜椒片平鋪在烤盤上。
4. 放進預熱180℃的烤箱裡烤30分鐘，之後將溫度調降為100℃，繼續烤20分鐘，完成後撒上少許鹽巴。

Tip

小巧玲瓏的一口甜椒片，微辣的口感是最大魅力，可以當作沙拉配料。

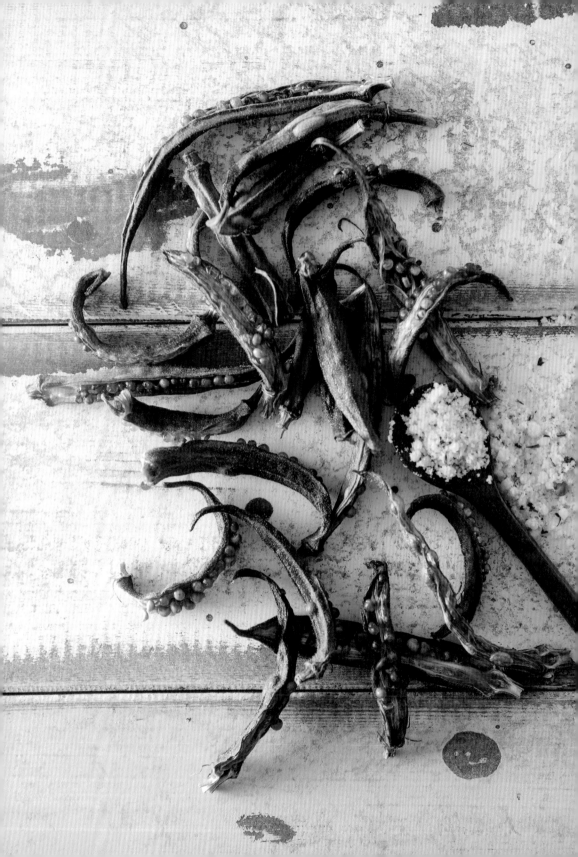

秋葵
Okra

Dry & Fry

»材料　秋葵20個，食用油適量，鹽巴少許

»作法
1. 秋葵去蒂，直切成2等分。
2. 將秋葵平鋪在食物乾燥機托盤上，以70℃乾燥3小時。
3. 完成後用油稍微炸過一次，趁還有餘熱時撒上少許鹽巴。

Tip

乾燥後的秋葵黏液會消失不見，再經過一道油炸程序，可讓口感更為酥脆，加上少許鹽巴後，也讓原本的苦澀味吃起來變得更「涮嘴」。

馬鈴薯與地瓜
Potato & Sweet Potato

<u>Fry</u>

»材料　馬鈴薯2個，地瓜2個，澱粉 ⅓ 杯（玉米粉、地瓜粉、太白粉等皆可使用），食用油適量，鹽巴、荷蘭芹粉少許

»作法
1. 馬鈴薯以薯格格切片器切成薄片後，放進冷水裡浸泡10分鐘去除澱粉，完成之後以紙巾擦乾水分。
2. 地瓜以旋轉切片器切成薄片，放進冷水浸泡10分鐘去除澱粉，等完全瀝乾水分後，再加入少許澱粉輕輕攪拌。
3. 將馬鈴薯和地瓜薄片以食用油油炸至酥脆，放在紙巾上瀝油。
4. 趁還有餘熱時撒上鹽巴和荷蘭芹粉。

南瓜

Sweet Pumpkin

Roast & Dry

»材料　南瓜½個，食用油、鹽巴少許

»作法
1. 南瓜皮洗淨後切開去籽，切成0.3公分薄片。
2. 將南瓜片平鋪在鐵網上，並以噴霧器噴上少許油，撒上鹽巴。
3. 放進預熱180℃的烤箱裡烤20分鐘，把南瓜片翻面，將溫度調降為150℃，繼續烤20分鐘。
4. 置於常溫30分鐘以上進行自然風乾。

Tip

南瓜質地堅硬，可先以微波爐加熱2分鐘讓南瓜變軟後，再連皮一起切成圓弧狀的薄片。

牛蒡與蓮藕
Burdock & Lotus Root

Fry

»材料　蓮藕1個，牛蒡1條，鹽巴1小匙，食用油適量

»作法

1. 蓮藕去皮後，切成0.2公分薄片。放進加醋的水裡浸泡10分鐘，再撈起以紙巾擦乾水分。
2. 牛蒡以菜瓜布刷洗去皮，切成0.2公分薄片。
3. 以食用油將蓮藕片和牛蒡片油炸至金黃色，放在紙巾上瀝油，趁還有餘熱時撒上鹽巴。

Tip

直根類蔬菜如牛蒡本身具有濃厚味道，可以做成好吃的脆片，剛炸好的牛蒡、蓮藕脆片可直接吃，但若能沾點鹽巴，更能提升風味。

甜菜
Beet

Roast & Dry

»材料　　甜菜1個，橄欖油2小匙，鹽巴少許

»作法　　1.　甜菜去皮，切成0.2公分薄片。

　　　　　2.　烤盤鋪上耐高溫矽膠不沾布，將甜菜片平鋪在
　　　　　　　烤盤上，刷上少許橄欖油後，均勻撒上鹽巴。

　　　　　3.　放進預熱180℃的烤箱裡烤20分鐘後，將甜菜
　　　　　　　片翻面，溫度調降為150℃，繼續烤20分鐘。

　　　　　4.　置於常溫30分鐘以上進行自然風乾。

Tip

搭配美乃滋或基礎奶油醬更好吃。

綠葉蔬菜
Leaf Vegetable

Roast

»材料　芥末葉、甜菜葉、蘿蔓葉、芝麻葉各10片，紅椒粉（或細辣椒粉）、鹽巴、食用油少許

»作法
1. 將綠葉蔬菜利用流動的水清洗乾淨，以紙巾擦乾水分。
2. 太大的菜葉切成適當大小，較小的菜葉維持原樣，加入食用油、紅椒粉、鹽巴拌勻。
3. 將菜葉鋪在鐵網上，放進預熱至100℃的烤箱裡烤3分鐘，再把烤箱溫度調降到50℃，繼續烤15分鐘。

四季豆
Green Beans

Roast

»材料　四季豆30根，蛋液（1顆雞蛋），麵包粉½杯，帕馬森起司粉3大匙，麵粉適量，食用油、鹽巴少許

»作法
1. 四季豆去蒂洗淨，以紙巾擦乾水分。
2. 將麵包粉、帕馬森起司粉、鹽巴混合均勻。
3. 四季豆依序裹上麵粉、蛋液、作法2的混合粉。烤盤鋪上耐高溫矽膠不沾布，將四季豆平鋪在烤盤上。
4. 噴上少許油。
5. 放進預熱180℃的烤箱裡烤10分鐘，翻面後再繼續烤10分鐘。

蘆筍

Asparagus

Fry

»**材料**   蘆筍20支，米磨粉3大匙，鹽巴少許，食用油適量

»**作法**
1. 蘆筍去掉硬皮，以流動的水輕輕沖洗乾淨，用紙巾擦乾水分。
2. 蘆筍沾上米磨粉和鹽巴，放進油鍋裡炸。
3. 起鍋後放在紙巾上瀝油。

蕈菇
Mushroom

Roast & Dry

»材料 香菇、鴻禧菇、杏鮑菇適量，橄欖油5大匙，鹽巴、
胡椒粉、帕馬森起司粉少許

»作法 1. 菇類去蒂，切成0.3公分薄片。
2. 切好的菇類和橄欖油、鹽巴、胡椒粉、帕馬森
起司粉一起輕輕攪拌。
3. 放進預熱180℃的烤箱裡烤10分鐘後翻面，將
溫度調降到80℃，繼續烤30分鐘。
4. 置於常溫自然風乾30分鐘。

Tip

蕈菇脆片越嚼越香，搭配帕馬森起司粉能更增添一層風味。

牛番茄
Beef Tomato

Roast & Dry

»材料　牛番茄5粒，橄欖油、羅勒粉、鹽巴少許

»作法　1.　牛番茄切成0.4公分薄片，平鋪在烤箱鐵網上。

2.　均勻噴上橄欖油，撒上少許羅勒粉和鹽巴。

3.　放進預熱180℃的烤箱裡烤20分鐘後翻面。

4.　將溫度調降到100℃繼續烤20分鐘，置於常溫自然風乾30分鐘。

Tip

牛番茄脆片吃起來相當有嚼勁，可夾在三明治裡或加進義大利麵、沙拉享用。

山藥
Yam

Dry

»材料　山藥1支，鹽巴少許

»作法
1. 山藥去皮，切成0.3公分薄片。
2. 把山藥片平鋪在食物乾燥機托盤上，撒上少許鹽巴。
3. 以70℃乾燥4小時。

Tip

白色的山藥片烘乾後，表面會出現許多顆粒狀，咬下去的瞬間風味盡釋。若能搭配美乃滋、基礎奶油醬，會發現意外美味。

Chapter 3 特殊食材類
Special Recipe

米紙與春捲皮
Rice Paper & Spring Roll Wrapper

»**材料**　　米紙5張，春捲皮5張，食用油適量

»**作法**　　1.　將米紙切成2公分寬度。春捲皮切成4等分後，
　　　　　　　　再對切成三角形。
　　　　　　2.　切好的米紙和春捲皮放進油鍋裡炸到膨脹。

Tip

米紙和春捲皮接觸到熱油後會立刻膨脹。搭配優格沾醬更顯美味，一大
盤的點心上桌，保證立刻見底。

墨西哥薄餅
Tortilla

Roast

»材料　墨西哥薄餅10張，古岡左拉起司5大匙，咖哩粉3大匙，紅椒粉（或辣椒粉）3大匙，荷蘭芹粉1大匙，帕馬森起司粉3大匙，橄欖油適量

»作法　1. 10張墨西哥薄餅各自切成8等分。
2. 將墨西哥薄餅平鋪在烤箱鐵網上，取其中2張分量的薄餅撒上古岡左拉起司。
3. 剩餘8張薄餅噴上橄欖油，每2張分量的薄餅分別撒上咖哩粉、紅椒粉、荷蘭芹粉、帕馬森起司粉。
4. 放進預熱180℃的烤箱裡烤15分鐘。

Tip

利用各種調味料做出不同口味的墨西哥薄餅，口味老少咸宜，也很適合做成家庭派對點心。

法國麵包
Baguette

Roast

»材料　法國麵包10片，橄欖油5大匙，香蒜粉3大匙，帕馬森起司粉3大匙

»作法　1.　法國麵包片加橄欖油、香蒜粉、帕馬森起司粉輕輕拌過。

　　　　2.　放進預熱200℃的烤箱裡烤10分鐘。

Tip

將家裡吃剩的法國麵包放進烤箱裡烤到酥脆，做成可口美味的脆片，保證一出爐就被搶光。

玉米片
Nacho

Roast

»材料　玉米片20片，切達起司5片，培根2片，荷蘭芹粉、
胡椒粉各少許

»作法　1.　切達起司切成4等分，鋪在玉米片上。
2.　將培根切細碎，鋪在切達起司上，均勻撒上少
許荷蘭芹粉和胡椒粉。
3.　放進預熱200℃的烤箱裡烤15分鐘。

吐司
Toast

Roast & Dry

»材料 吐司2片，砂糖4大匙，果糖2大匙，牛奶3大匙，奶油1大匙

»作法
1. 吐司切成長條狀後，乾煎至酥脆。
2. 鍋內放砂糖、果糖煮到沸騰，當砂糖完全融化時，加入牛奶和奶油。
3. 放入吐司條輕輕攪拌，之後鋪在鐵網上自然風乾10分鐘。

Tip

砂糖加熱後會焦糖化，香甜口味自然加倍。用吐司邊製作出的成品一樣美味。

切達起司
Cheddar Cheese

Roast

»材料　切達起司10片，羅勒粉少許

»作法　1.　將每片切達起司切成4～5條的長條狀。
　　　　2.　烤盤鋪上耐高溫矽膠不沾布，將切達起司平鋪
　　　　　　於其上，一半的起司撒上羅勒粉。
　　　　3.　放進預熱200℃的烤箱裡烤10分鐘。

帕馬森起司
Parmesan Cheese

<u>Roast</u>

»材料　　帕馬森起司100公克

»作法　　1.　利用起司磨板將帕馬森起司磨成粉，接著在乾
　　　　　　　　平底鍋裡壓成圓餅狀。
　　　　　　2.　開小火讓起司融化。

Tip

這款點心適合加在沙拉、義大利麵、濃湯等各式料理中。鹹香的滋味也
很適合當下酒菜。

海苔
Dried Seaweed

<u>Dry</u>

»材料	海苔5片,糯米粉5大匙,水½杯,鹽巴少許

»作法

1. 海苔剪成一口大小。
2. 水加入糯米粉後加熱至濃稠,加入少許鹽巴調味,完成後放涼備用。
3. 海苔刷上作法2調好的糯米水,平鋪在食物乾燥機托盤上。
4. 以70℃乾燥1小時。

Tip

這款海苔脆片沾醬油吃風味更佳。將家中用剩受潮的海苔變身為最美味點心。

椰子粉
Coconut

Dry

»**材料**　椰子粉2杯，蛋白2顆，鹽巴少許

»**作法**　1.　將椰子粉和蛋白攪拌均勻。

2.　加入鹽巴調味。

3.　椰子粉平鋪在食物乾燥機托盤上壓成圓餅狀，
以70℃乾燥2小時。

海帶
Seaweed

Fry

»材料　泡軟的海帶2杯，糯米粉⅓杯，細辣椒粉少許

»作法
1. 海帶泡軟切成一口大小後，以紙巾擦乾水分。
2. 海帶加入糯米粉輕輕攪拌。
3. 將海帶放進氣炸鍋，均勻撒上細辣椒粉。
4. 以180℃炸10分鐘。

Tip

薄薄的海帶炸起來口感酥酥脆脆，吃起來香辣過癮。以油炸方式炸泡過水的海帶相當危險，建議用氣炸鍋就能輕鬆完成。

培根
Bacon

Roast

»材料　培根10片，白砂糖⅓杯

»作法
1. 培根兩面稍微沾上白砂糖，烤盤鋪上耐高溫矽膠不沾布，將培根平鋪於其上。
2. 放進預熱180℃的烤箱烤20分鐘。

Tip

這道點心是仿照我之前去台灣旅行時吃過的肉乾所做成的。白砂糖除了可以增色，也可以讓培根吃起來有鹹甜滋味。

義式臘腸與午餐肉

Pepperoni & Spam

Roast

»材料 義式臘腸20片，午餐肉1罐，麵包粉、荷蘭芹粉少許

»作法 1. 將義式臘腸平鋪在鐵網上，放進預熱至200℃的
          烤箱烤7分鐘。

      2. 午餐肉切成0.2公分厚度，加麵包粉、荷蘭芹
          粉稍微拌過，然後平鋪在鐵網上，放進預熱至
          180℃的烤箱烤10分鐘。

Tip

搭配個人偏愛的沾醬一起吃，味道會更強烈。

水餃皮
Dumpling Wrapper

Fry

»材料　水餃皮10張，花尾蝦⅓杯，柴魚片⅓杯，蛋液（1顆雞蛋），食用油適量

»作法
1. 將水餃皮切成6等分。
2. 將花尾蝦和柴魚片磨成泥。
3. 水餃皮上抹上蛋液，鋪上作法2的蝦仁柴魚泥。
4. 噴上食用油，放進氣炸鍋以160℃炸7分鐘。

Tip

這款點心是利用常見的水餃皮所做成，加上蝦仁柴魚泥更能增添風味。

魷魚絲
Dried Squid

Fry

»材料　魷魚絲200公克，麵粉½杯，米磨粉½杯，香蒜粉2
大匙，水少許，細辣椒粉少許，食用油適量

»作法
1. 魷魚絲以水泡軟，靜置30分鐘後，以紙巾擦乾
水分。
2. 麵粉、米磨粉、香蒜粉加水調成麵糊。
3. 將魷魚絲裹上作法2的麵糊，放進熱油鍋裡炸至
酥脆。
4. 趁還有餘熱時撒上細辣椒粉。

Tip

製作訣竅就是先將魷魚絲泡軟再油炸，做出來的口感外酥內軟相當可
口，跟美乃滋或基礎奶油醬做成的沾醬尤其對味。

魩仔魚乾

Dried Slices of Seasoned Whitebait

Roast

»材料　魩仔魚乾6張，海苔3片，糯米粉5大匙，水½杯，食用油少許，鹽巴少許

»作法
1. 魩仔魚乾切成2等分，海苔切成4等分。
2. 糯米粉加水煮成黏稠狀後，冷卻備用。
3. 魩仔魚片塗上作法2的糯米水後，上面再放一片海苔。
4. 噴上食用油，撒上少許鹽巴，放進預熱至180℃的烤箱烤10分鐘，完成後切成4等分。

豆腐
Tofu

Roast

»材料　豆腐1塊，七味粉、鹽巴、食用油少許

»作法
1. 豆腐切成0.3公分厚度、2公分×5公分的大小，撒上少許鹽巴。
2. 10分鐘後以紙巾擦乾豆腐上的水分。
3. 烤盤鋪上耐高溫矽膠不沾布，將豆腐平鋪在烤盤上，噴上適量食用油。
4. 撒上七味粉，放進預熱至180℃的烤箱烤15分鐘，完成後翻面繼續烤10分鐘。

Tip

切薄的豆腐烤過之後味道會更加濃郁。如果是要給小朋友吃的點心，可用紫蘇粉代替七味粉。

魚乾與甜不辣
Dried Filefish Fillet & Fish Cake

Fry

»材料 魚乾5片，甜不辣5片，食用油適量

»作法
1. 魚乾和甜不辣切成1公分寬的長條狀。
2. 熱油鍋炸甜不辣，完成後放在紙巾上瀝油。
3. 熱油鍋，將魚乾炸至金褐色，完成後放在紙巾上瀝油。

129

鍋巴

Crust Of Overcooked Rice

<u>Fry</u>

»材料　鍋巴3片，砂糖少許，食用油適量

»作法
1. 將鍋巴切成一口大小。
2. 熱油鍋，把鍋巴油炸至酥脆狀態，完成後放在紙巾上瀝油。
3. 趁還有餘熱撒上砂糖。

Tip

很多人會把剩飯做成鍋巴，以利日後煮鍋巴湯能夠派上用場。然而煮成鍋巴湯的次數屈指可數，這時候就可以拿來做成香甜好吃的鍋巴脆片。

蜂蜜杏仁
Honey Almond

<u>Dry</u>

»材料　杏仁片3杯，奶油2大匙，水½杯，砂糖½杯，鹽巴少許

»作法
1. 水加砂糖煮沸。
2. 將杏仁片放入作法1鍋內輕輕攪拌，加入少許鹽巴調味。
3. 加入奶油輕輕攪拌，接著把杏仁片做成圓餅狀，放在盤子上。
4. 置於室溫30分鐘以上進行自然風乾。

煙燻鮭魚
Smoked Salmon

<u>Dry</u>

»材料　煙燻鮭魚10片

»作法　1.　煙燻鮭魚片直切成2等分。
　　　　　2.　將鮭魚片平鋪在食物乾燥機的托盤上，以70℃
　　　　　　　乾燥3小時。

Tip

鮭魚片若採用自然風乾的方式，味道會更純正天然，可搭配酸奶油或個人喜愛的香料。

Chapter 4 基本醬料與沾醬
Sauce & Dip Base

基礎美乃滋醬
Mayo Base

美乃滋是以含有30％脂肪的蛋黃加上油、醋、鹽巴以及香料所調製而成。因為水和油無法融合在一起，所以蛋黃在這裡具有「乳化劑」的功用，做出來的成品質地濃稠。美乃滋除了自製，也可以買市售現成品。

美乃滋可單獨使用，也可以應用各式香料讓味道升級，例如加入粉末狀或其他抹醬材料，利用小型攪拌機拌勻，當然要注意避免加入過多的香料，以免太搶味。如果過於濃稠，可利用檸檬汁、萊姆汁等液體材料調整。

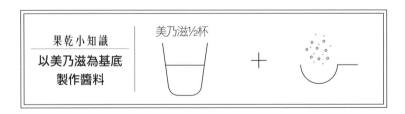

果乾小知識
以美乃滋為基底製作醬料

美乃滋½杯

＋

❶芥末

美乃滋½杯，芥末2小匙，
萊姆汁2小匙，粗粒黑胡椒
少許

❷咖哩

美乃滋½杯，咖哩粉2大匙，
酸奶油½杯

❸鮪魚

美乃滋½杯，鮪魚罐頭4大
匙，檸檬汁½大匙，荷蘭芹
粉少許

❹羅勒

美乃滋½杯，青醬4大匙，
搗碎新鮮羅勒葉3大匙

❺香蒜

美乃滋½杯，烤蒜頭片5粒，
檸檬汁1小匙，帕馬森起司粉
2大匙，鮮奶油4大匙

❻酪梨

美乃滋½杯，搗碎酪梨果肉
3大匙，鮮奶油2大匙，洋蔥
泥1大匙，粗粒黑胡椒少許

❼蛋黃

美乃滋½杯，水煮蛋黃1顆，
檸檬汁1小匙，粗粒黑胡椒
少許

❽鰻魚

美乃滋½杯，切碎鰻魚肉3
尾，帕馬森起司粉2大匙

❾醬油

美乃滋½杯，醬油½大匙，
蠔油1小匙，紫蘇粉2大匙

❿第戎芥末醬

美乃滋½杯，法式芥末醬1
大匙，優格2大匙，芥末籽1
小匙，砂糖½大匙

⓫明太子

美乃滋½杯，明太子1條，
檸檬汁1大匙

⓬墨西哥辣椒

美乃滋½杯，切碎墨西哥辣
椒3大匙，砂糖1小匙

基礎奶油醬
Cream Base

優格、酸奶油、鮮奶油這類含奶油的材料，因為口感相當滑順，所以很適合用來做沾醬。

具有酸爽風味的優格是發酵乳的一種，為接種乳酸菌、經由發酵凝固所產生的乳製品。市面上有各種口味的優格，使用無添加任何香料的原味優格更有助於提味。酸奶油是鮮奶油經過發酵的產物，帶有酸味，比鮮奶油更為濃稠，而且酸味也較為強烈。鮮奶油是將牛乳遠心分離出富含乳脂肪的乳製品，建議使用無任何添加物的鮮奶油。

以上的乳製品可以單獨使用，也可以加入各式材料作應用，因為質地濃稠，所以很簡單就能做好沾醬。

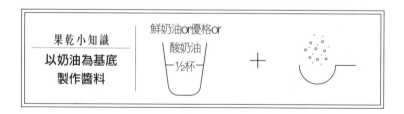

果乾小知識
以奶油為基底製作醬料

鮮奶油or優格or
酸奶油
½杯

+

❶南瓜

鮮奶油½杯，已煮熟的南瓜泥3大匙，肉豆蔻粉¼小匙

❷辣根

優格½杯，芥末籽1小匙，辣根½大匙，砂糖1小匙

❸酸奶

酸奶油½杯，萊姆汁½大匙，蜂蜜½大匙，香草少許

❹堅果類

優格½杯，搗碎花生1大匙，搗碎杏仁果1大匙，開心果½大匙，搗碎核桃½大匙，蜂蜜½大匙

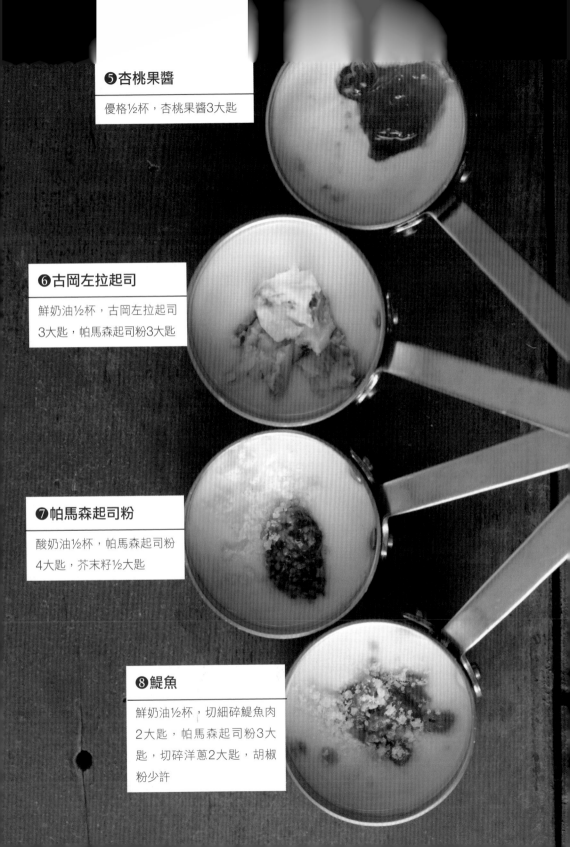

❺杏桃果醬

優格½杯，杏桃果醬3大匙

❻古岡左拉起司

鮮奶油½杯，古岡左拉起司
3大匙，帕馬森起司粉3大匙

❼帕馬森起司粉

酸奶油½杯，帕馬森起司粉
4大匙，芥末籽½大匙

❽鰻魚

鮮奶油½杯，切細碎鰻魚肉
2大匙，帕馬森起司粉3大
匙，切碎洋蔥2大匙，胡椒
粉少許

❾切達起司

鮮奶油½杯，切達起司1片，
帕馬森起司粉1大匙

※需稍微煮過

❿薑

優格½杯，生薑泥2小匙，
薑粉1小匙，蜂蜜½大匙

⓫可可

酸奶油½杯，可可粉3大匙，
蜂蜜1大匙

⓬荷蘭芹奶油起司

鮮奶油½杯，奶油起司3大
匙，荷蘭芹粉1小匙，帕馬
森起司粉2大匙

基礎健康油醬
Oil Base

基礎健康油醬的沾醬，主要是利用調理機將油和各式材料充分攪拌後所製成。橄欖油的味道比較重，建議使用菜籽油或玄米油這類味道較淡的食用油。食用油加入材料後，需以攪拌器攪拌至充分混合的狀態，經過一段時間後，由於材料會沉澱，食用前需充分攪拌過。

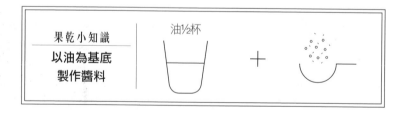

果乾小知識
**以油為基底
製作醬料**

油½杯

+

❶羅勒

油½杯，羅勒1杯，松子¼杯，帕馬森起司粉3大匙，鹽巴¼小匙，胡椒粉少許
※需使用調理機攪拌

❷豆腐

油½杯，豆腐¼塊，檸檬汁3大匙，砂糖1大匙，芝麻3大匙，鹽巴¼小匙
※需使用調理機攪拌

❸鷹嘴豆

油½杯，水煮鷹嘴豆¼杯，孜然少許，芝麻1大匙，細辣椒粉少許
※需使用調理機打碎

❹豆瓣醬

油½杯，豆瓣醬2大匙，蒜泥1大匙，切碎洋蔥5大匙，砂糖1大匙，胡椒粉少許

❺辣椒

油½杯，甜辣醬5大匙，切碎
洋蔥3大匙，麵包粉4大匙，
鹽巴½小匙，胡椒粉少許

❻番茄莎莎醬

油½杯，切碎番茄1顆，醋3
大匙，切碎洋蔥¼杯，切碎
羅勒2大匙，鹽巴¼小匙，
胡椒粉少許

❼酪梨

油½杯，酪梨泥½顆，切碎
洋蔥3大匙，鹽巴¼小匙，
粗粒黑胡椒少許

❽ 義大利香醋

油½杯，醬油2大匙，義大利香醋醬2大匙，法式芥末醬½小匙，砂糖½大匙，蒜泥1小匙

❾ 紫蘇

油½杯，紫蘇粉1杯，醋1大匙，柳橙汁1大匙，蒜泥1小匙，鹽巴少許

❿ 異國風味

油½杯，切碎香菜2大匙，切碎紅辣椒2大匙，紅椒粉1小匙，魚露1大匙，砂糖1大匙

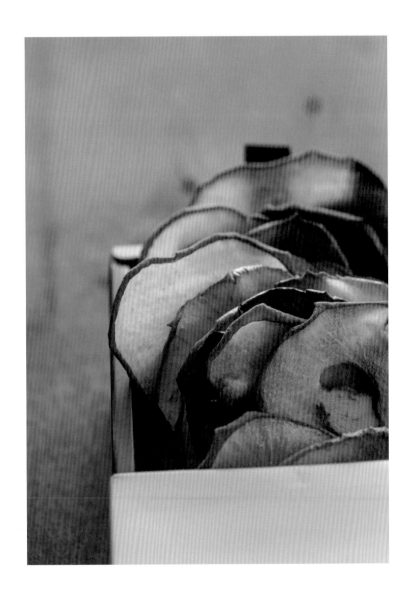

基礎鹽味醬
Salt Base

以鹽巴做成的基本醬料，味道會比液態基本醬料還要清淡爽口，適合用於重點突顯氣味與口感。鹽巴請使用顆粒較為細緻者，若顆粒較粗可先用搗臼搗過，或是用調理機磨成粉，當然直接使用亦無妨。

果乾小知識
以鹽巴為基底
製作醬料

鹽巴1大匙 ＋

❶ 羅勒

鹽巴1大匙，羅勒½小匙，香蒜粉1小匙，奧勒岡葉少許

❷ 胡椒荷蘭芹

鹽巴1大匙，荷蘭芹粉1小匙，胡椒粉¼小匙，香蒜粉少許

❸ 酸豆

鹽巴1大匙，搗碎酸豆5粒，奧勒岡葉少許，胡椒粉少許

❹ 帕馬森起司

鹽巴1大匙，帕馬森起司粉2大匙

❺ 咖哩

鹽巴1大匙，咖哩粉1小匙，細辣椒粉少許

❻辛香

鹽巴1大匙，香蒜粉2小匙，
紅椒粉1小匙，洋蔥粉½小
匙，胡椒粉、奧勒岡、孜然
少許

❼綠茶

鹽巴1大匙，綠茶粉2小匙

❽蝦粉

鹽巴1大匙，蝦粉1大匙，柴
魚粉1小匙，薑粉少許

❾香菜

鹽巴1大匙，搗碎香菜葉5片

❿檸檬

鹽巴1大匙，檸檬皮2小匙，
檸檬汁少許

美味的市售沾醬
Dip

❶參巴醬：

富有東南亞風味的異國沾醬，後勁十足的辣味非常有魅力。

❷凱撒沙拉醬：

雖然名為沙拉醬，其實也可以當沾醬。

❸蒜泥蛋黃醬：

這款蒜泥蛋黃口味的美乃滋，最大的魅力就是會在嘴裡散開的蛋黃與大蒜香味。

❹香茅醬：

味道平淡的脆片最適合搭配氣味強烈的沾醬，這款沾醬具有濃郁的香茅味。

❺辣椒醬：

以番茄為主要基底，再加上大蒜、洋蔥、醋、鹽巴等提味，可用來代替番茄醬。

❻番茄醬：

適合搭配所有以油炸方式做成的脆片。

❼玉米脆片起司醬：

玉米脆片的最佳搭檔是黃色的切達起司，味道相當濃郁，跟味道
較為平淡的脆片也相當搭。

❽鰻魚醬：

鰻魚鮮鹹的口味令人印象深刻，可放一點在脆片上一起吃。

❾法式芥末醬：

受小朋友歡迎的沾醬，適合以油炸方式做成的脆片。

❿青醬：

以松子和羅勒做成的青醬，當作沾醬吃也很美味。

⓫花生醬：

香氣四溢的花生醬非常美味，濃稠的質地當沾醬再適合不過。

用烤箱、氣炸鍋輕鬆做 59 種健康蔬果乾

自己做
天然果乾

http://www.ju-zi.com.tw

三友圖書
友直 友諒 友多聞

國家圖書館出版品預行編目 (CIP) 資料

自己做天然果乾：用烤箱、氣炸鍋輕鬆做 59 種
健康蔬果乾 / 龍東姬著；李靜宜譯 . -- 初版 . --
臺北市：橘子文化，2017.12

面；公分

ISBN 978-986-364-114-8（平裝）

1. 點心食譜
427.16   106021400

作　　　者	龍東姬
譯　　　者	李靜宜
編　　　輯	鄭婷尹
校　　　對	李靜宜、鄭婷尹
	翁瑞祐
美 術 設 計	曹文甄
發　行　人	程安琪
總 策 劃	程顯灝
總 編 輯	呂增娣
主　　編	翁瑞祐
編　　　輯	鄭婷尹、吳嘉芬
	林憶欣
美 術 主 編	劉錦堂
美 術 編 輯	曹文甄
行 銷 總 監	呂增慧
資 深 行 銷	謝儀方
行 銷 企 劃	李 昀
發　行　部	侯莉莉
財　務　部	許麗娟、陳美齡
印　務	許丁財
出 版 者	橘子文化事業有限公司
總 代 理	三友圖書有限公司
地　　　址	106台北市安和路2段213號9樓
電　　　話	(02) 2377-4155
傳　　　真	(02) 2377-4355
E-mail	service@sanyau.com.tw
郵 政 劃 撥	05844889 三友圖書有限公司
總 經 銷	大和書報圖書股份有限公司
地　　　址	新北市新莊區五工五路2號
電　　　話	(02) 8990-2588
傳　　　真	(02) 2299-7900
製 版 印 刷	卡樂彩色製版印刷有限公司
初　　　版	2017年12月
定　　　價	新台幣350元
Ｉ Ｓ Ｂ Ｎ	978-986-364-114-8（平裝）